❷大きさ・運動能力対決

もくじ

大きさ対決 …………6

アジアゾウ vs. アフリカゾウ

陸上最大の生き物たち！
どちらが大きいの？

たまごの大きさ対決 …14

ダチョウ vs. エピオルニス

現生の最大の鳥と巨大絶めつ鳥、
たまごはどちらが大きいの？

大きさ対決 …………8

シロナガスクジラ vs. アルゼンチノサウルス

海の巨大生き物と大むかしの
巨大恐竜、どちらが大きいの？

走るスピード対決 …16

グレイハウンド vs. チーター

動物界のスプリンターどうし、
どちらが真のチャンピオンか？

大きさ対決 …………10

ロイヤルアホウドリ vs. プテラノドン

最大級の鳥と大むかしの空の
王者、どちらが大きいの？

走るスピード対決 …18

ダチョウ vs. ダチョウ恐竜

鳥のスプリンターと恐竜のスプ
リンター、勝者はどちらだ？

大きさ対決 …………12

ヘラクレスオオカブト vs. ギラファノコギリクワガタ

巨大カブトムシと巨大クワガタ、
どちらが大きいの？

ジャンプ力対決 ……20

インパラ vs. オオカンガルー

アフリカのジャンパーとオーストラリ
アのジャンパー、勝者はどちらだ？

生き物対決スタジアム

どっちが強い？ どっちがスゴイ？

ジャンプ力対決 ……22

イルカ vs. イトマキエイ

最強のジャンパーはどちらだ？
そしてジャンプするひみつとは？

飛ぶスピード ……24

ハヤブサ vs. ハリオアマツバメ

鳥の世界の真のスピード王は、
はたしてどちらなのか？

わたりのきょり対決 ……26

キョクアジサシ vs. ハイイロミズナギドリ

地球をまたにかけた大旅行！
わたりのきょりはどちらが長い？

かっ空きょり対決 ……28

トビトカゲ vs. トビガエル

空飛ぶトカゲとカエル！
飛ぶきょりはどちらが長い？

かっ空きょり対決 ……30

トビウオ vs. イカ

敵からにげるには空中へ！
飛ぶきょりはどちらが長い？

せん水能力対決 ……32

マッコウクジラ vs. シロナガスクジラ

大型のハクジラとヒゲクジラ、
真のせん水王者はどちら？

登場する生き物のかいせつ ……34

さくいん ……37

アジアゾウ vs. アフリカ

大きさ対決

動物園の人気者、アジアゾウとアフリカゾウ。
アジアゾウはインド、東南アジアの森林や草原にすみ、
アフリカゾウはアフリカのサバンナや森林にすんでいます。
どちらが大きいでしょうか。

アジアゾウ

インド、東南アジアのゾウです。母ゾウと子どもが10～40頭ほどの群れでくらします。尾をのぞいた体長は5.5～6.4mで、肩の高さは2.4～3.4mです。

プラス1情報

重さは？

ゾウはオスのほうがずっと大きく、アジアゾウのオスで最大6トン、アフリカゾウのオスで最大10トンです。アフリカゾウのほうがずっと重いですね。

ゾウは大きなからだをささえるために、足のうらにぶあついしぼうのクッションがあります。

アジアゾウ 2.4〜3.4m
アフリカゾウ 2.6〜4m

アフリカゾウ

アフリカのサハラ砂ばくより南の開けた林や草原にすみます。最年長のメスを中心に、血のつながりのある母ゾウと子どもが、10〜50頭の群れをつくります。尾をのぞいた体長は6〜7.5mで、肩の高さは2.6〜4mです。

勝者はどちら？ アフリカゾウの勝ち

この対決はアフリカゾウの勝ちです。野生では、1日に200kg以上の草や木の葉を食べて、この大きなからだをたもっています。動物園のゾウは、サツマイモ、ほし草、果物などを1日に80〜100kg食べています。

アフリカの森林には、もう1種、マルミミゾウがいます。肩の高さは1.6〜2.9メートル、体重は2.7〜6トンです。

大きさ対決

シロナガスクジラ V

現在、地球上で最大の動物は、海にすむシロナガスクジラです。
いっぽう、陸上にはかつて恐竜が栄えていました。
その中で最大級は、アルゼンチノサウルスという4本足歩行の竜脚類の恐竜です。どちらが大きいでしょう？

シロナガスクジラ

最大で33mをこえる！

からだの長さは平均で、23〜27m。これまで記録された最大は、なんと33.6mもありました。このからだをささえるために、1日にオキアミや小魚を4〜8tも食べます。

プラス1情報

重さは？

シロナガスクジラは100〜200t、アルゼンチノサウルスは90tほどとかんがえられています。シロナガスクジラが重いからだでもだいじょうぶなのは、水の浮力でからだがささえられているからです。

アルゼンチノサウルス

アルゼンチノサウルス

背骨の大きさは1.8m！

これまで背骨、胸骨、足の骨の一部の化石しか発見されていません。しかしひとつの背骨の高さは1.8mもあり、33〜41mのからだの長さがあったと推測されています。

勝者はどちら？

アルゼンチノサウルスの勝ち！

陸上で生活をし、40mをこえるからだの長さをもつアルゼンチノサウルスの勝ちです。ただし全身の骨格の化石がでているわけではなく、あくまで一部の骨から推定した大きさです。

からだの長さくらべ

シロナガスクジラ
33.6m

アルゼンチノサウルス
33〜41m

ボーイング 737-700
33.6m

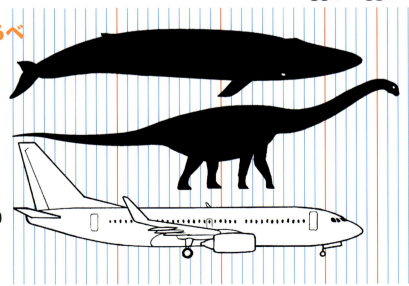

身の骨格の化石がもっともよくそろっている恐竜で巨大なものは、フタロンコサウルスという竜脚類の恐竜です。からだの長さは28mもありました。

大きさ対決 ロイヤルアホウドリ VS

いまから2億2000万～6500万年前に、は虫類の翼竜が空を飛んでいました。その中でも、有名なのがプテラノドンです。現生の鳥で、つばさを広げた長さが最大なのは、ロイヤルアホウドリです。さてどちらが大きいでしょうか。

ロイヤルアホウドリ
つばさを広げた長さ：約3.5m（最大級）

ハシブトガラス
つばさを広げた長さ：約1m

プラス1情報 もっとも大きな翼竜

プテラノドンも大きな生き物ですが、さらに大きな翼竜がいました。ケツァルコアトルスです。つばさを広げた長さは10～11mもあり、体重は200kgとかんがえられています。つばさがあっても、飛べなかったという説もあります。

ケツァルコアトルス

プテラノドン

バスよりも大きい！

長いつばさは、あまりはばたかずに、長いあいだ飛ぶのに適したつくりです。ロイヤルアホウドリとプテラノドンのつばさは、バスよりも大きいのがわかります。この大きなつばさで、大空をゆったり飛んだのでしょう。

プテラノドン
つばさを広げた長さ：6〜7m

プラス1情報 重さは？

プテラノドンの体重は15〜20kgほどしかありません。ロイヤルアホウドリの体重は15kgほどです。どちらもからだをかるくして空を飛ぶために、骨は中空となっていました。

勝者はどちら？ プテラノドンの勝ち！

つばさを広げた長さは、プテラノドンのほうがロイヤルアホウドリの2倍ほどもあり、この対決、プテラノドンの勝ちです。ただ飛ぶことにかんしては、大きな翼竜はあまりうまくなかったのではないかともいわれています。

翼竜のつばさは皮まくで、4本目のゆびがのびて皮まくをささえていました。

大きさ対決

ヘラクレスオオカブ

日本のカブトムシは大きな昆虫ですが、世界には、カブトムシよりずっと巨大な昆虫がいます。中央〜南アメリカにいるヘラクレスオオカブトと、東南アジアにいるギラファノコギリクワガタ、どちらが大きいでしょうか。

ヘラクレスオオカブト
全長：最大 178mm

ヘラクレスオオカブトの巨大な幼虫。幼虫は脱皮しながら大きくなり、終齢では140mmをこえることもあります。

ギラファノコギリクワガタ
全長：最大 118mm

カブトムシ
全長：最大 85mm

vs. ギラファノコギリクワガタ

ヘラクレスオオカブト。

ギラファノコギリクワガタ。

角と大あごのちがい

ヘラクレスオオカブトには、大きな2本の角があります。上の角は胸部、下の角は頭部についているので、上下にべつべつに動かすことができ、敵をはさむたたかいができます。

ギラファノコギリクワガタの角は、大あごで左右に動きます。この大あごで相手をはさみ、投げとばすたたかいかたをします。

勝者はどちら？

ヘラクレスオオカブトの勝ち！

ギラファノコギリクワガタのギラファとはキリンの意味で、そのなまえのとおり、世界のクワガタムシの中でも最大のなかまです。しかし、ギリシャ神話に登場する最強の英雄ヘラクレスのなまえがついた、ヘラクレスオオカブトは、カブトムシのなかまだけではなく、すべての甲虫の王者です。

日本のカブトムシは胸部の角が小さいので、ものをはさむことができません。頭の角で敵をおこし、投げとばすたたかいかたをします。

たまごの大きさ対決

ダチョウ VS. エピオ

いま生きている最大の鳥は、ダチョウです。
もう絶めつしてしまいましたが、ダチョウにまけずおとらず大きな鳥がいました。
エピオルニスもその一種です。
ダチョウとエピオルニス、たまごはどちらが大きい？

ダチョウ
本物の大きさ

エピオルニス

本物の大きさ

からだの大きさは？

エピオルニスはマダガスカル島にいた鳥で、17世紀、人間が島にやってきて狩りをしたり、生息地の森林を破かいしたことで絶めつしました。背の高さは約3mもあり、ダチョウの2〜2.5mよりずっと大きな鳥でした。

エピオルニス 3m
ダチョウ 2〜2.5m
小学3年生 約1.3m

勝者はどちら？

エピオルニス

エピオルニスは絶めつしましたが、化石化したたまごはのこっています。大きなもので30×23cmと巨大で、ダチョウの大きめのたまご25×12cmをはるかにしのぐ大きさで、この勝負はエピオルニスの圧勝です。

ダチョウのたまごは20×15cmくらいだと、重さは1.6kgほどです。ニワトリのたまごの20こ以上の大きさにあたります。

走るスピード対決 グレイハウンド VS

イヌのスプリンター代表は、グレイハウンドのなかまです。アフリカの最強のスプリンターであるチーターとくらべて、いったいどちらがはやく走れるのでしょうか。

グレイハウンド

ハウンドドッグのレース。ウサギの人形を追いかけて、スピードをきそいます。

ドッグレースの主役!

グレイハウンドはイギリス原産。ノウサギや小さな動物の狩りのために改良されたイヌです。長い足、ばねのようにしなる背中、バランスのとれた筋肉で、精かんな走りをします。イギリス、オーストラリア、アメリカなどでは、ドッグレースに出場しています。時速72kmという記録があります。

プラス1情報 サルーキは長きょりが得意

グレイハウンドとならんで、しなやかな走りをするイヌがサルーキです。時速約68kmという記録があります。グレイハウンドのほうがはやいのですが、あくまで短きょり走むきで、サルーキは長きょりが得意といわれています。

チーター

チーター

インパラを追うチーター。

だしっぱなしの つめがスパイク

長い足、むちのようにしなる細身のからだをもつチーターは、アフリカの最速スプリンターです。チーターの最速の記録は、時速110km。そのスピードのひみつのひとつが、つめです。ネコのなかまは、えものをつかまえるなどのひつようのあるとき以外は、つめはサヤの中にしまっていますが、チーターはつめをだしっぱなしです。このつめがスパイクとなり、はやさを生みだします。

つめはいつもでています。

勝者はどちら？

ぶっちぎりでチーターの勝ち！
体長をくらべると、グレイハウンドは70cm、チーターは110〜150cmで、グレイハウンドにハンデがあるとはいえ、それでもチーターはぶっちぎりです。チーターのえもののほとんどは、高速で走ります。それをしのぐスピードで走れるように、チーターは走りを進化させてきたのです。

チーターは短きょりスプリンターです。最高速度で走れるのは、数十秒です。

走るスピード対決

ダチョウ vs. ダチョウ

ダチョウはアフリカにすむ最大の鳥で、高速で走ることができます。また、小型〜やや大型の恐竜で、ダチョウ恐竜とよばれるグループは、やはり高速ランナーでした。さて、どちらがはやいのでしょうか。

ダチョウ

足のゆびは2本

はねは退化して、飛ぶことができません。はやく走るために、生き物は足ゆびのさきだけを地面につける傾向があります。すると地面をおもにけるゆびをのこして、ほかのゆびが退化します。ダチョウはいちばん大きい中ゆびと、くすりゆびだけの2本になっています。

プラス1情報 走るのが得意なダチョウのなかま

ダチョウのなかまは走鳥類とよばれ、シギダチョウのなかまをのぞいて飛ぶことができません。そのかわりにエミューやレアなどのように、高速で走ることが得意な鳥がおおくいます。

エミューは、オーストラリアの草原や林にすみます。

オス

はねは退化
はねは退化して小さくなり、はねを動かす筋肉も小さくなっています。

長い足
太くて長い足は力強く、走るのに適しています。

ダチョウの足ゆびは、2本しかありません。

恐竜

ダチョウ恐竜

オルニトミムスの骨格化石。

群れでくらした

ダチョウ恐竜は、いまから9000万〜6500万年前にいた草食恐竜のグループです。足がとても長くて、走るのに適していたとかんがえられています。代表する種はオルニトミムスです。化石がおとなから子どもまで、まとまってみつかったことから、ダチョウ恐竜は群れでくらしたようです。

長い尾がある
長い尾は高速で走るとき、からだのバランスをとるのに役立ったとかんがえられています。

オルニトミムス

羽毛がある
最近の研究では、恐竜のおおくに羽毛が生えていることがわかりました。

長い足
長い足は、走るのに適しています。

勝者はどちら？

両者互かく

きけんがせまると、ダチョウは走ってにげます。そのときの最高スピードは、時速70キロです。いっぽう、ダチョウ恐竜も、ティラノサウルスなどの肉食恐竜から、走ってにげたようです。そのときの最高スピードは、推測で時速50〜80キロとされています。この勝負、どうも互かくのようですが、ダチョウの足ゆびは2本、ダチョウ恐竜は3本。ダチョウのほうが走るのにより適しているのかもしれません。

オルニトは鳥、ミムスはにているものという意味で、鳥ににているものという意味のなまえです。

19

ジャンプ力対決

インパラ VS. オオカ

アフリカにいるウシのなかまのインパラは、ジャンプが得意です。オーストラリアの東部の森林や草原にすむオオカンガルーは、やはりジャンプが得意です。さてどちらのほうがジャンプ力があるでしょうか。

インパラ

ジャンプをするオスのインパラ。

10〜100頭ほどの群れでいます。角がないのがメスです。

ライオンやチーターなどたくさんの敵がいる

インパラは体長1.1〜1.5mのアンテロープ*で、数がおおく、よくみられます。まわりにはライオンやチーター、ハイエナなどの敵がいて、いつもねらわれます。敵をかわすために時速60kmで走り、ときには9mものジャンプをします。

*アンテロープ　ウシやカモシカ、ヒツジ、ヤギなどをのぞいた、ウシ科の動物をまとめてアンテロープといいます。

ンガルー / カンガルー

後ろ足だけでジャンプするのは、省エネルギーの走り方とされます。

広い草原をかける

オオカンガルーは、アカカンガルーとならんで大型のカンガルーで、尾を入れたからだは、長さ1.5〜3mにもなります。ハイイロカンガルーともよばれます。草や植物の芽を食べます。食べ物を求めて草原を移動したり、敵のイヌのなかまのディンゴからにげるときなど、尾でバランスをとりながら、強力な後ろ足でジャンプしながら走ります。最高時速は50km、1回のジャンプのはばは8m、高さは2mにもなります。

勝者はどちら？

インパラの勝ち？

インパラのジャンプは、はば9mで、高さは2.5mにもなるといいます。いっぽう、オオカンガルーは、はば8m、高さは2mのジャンプですので、インパラの勝ちですが、オオカンガルーは、はば13mをこえる大ジャンプをするともいわれています。

はば

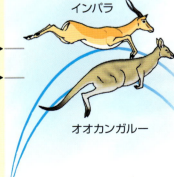

高さ

オオカンガルーは長いきょりを移動するときは、時速20〜30kmほどで走ります。

ジャンプ力対決

イルカ vs. イトマキエイ

海の生き物にも、ジャンプの得意なものがいます。イルカとイトマキエイのなかまです。かれらはなぜジャンプをするのでしょう。そしてジャンプ力はどちらが上なのでしょうか。

イルカ

ジャンプはあそびのひとつ？

動物の知能の高さをおしはかるのに、その動物があそびがすきかをみることがあります。イルカのなかまもとても知能が高く、よくあそびます。空中にジャンプしたり、海そうを口にくわえたり、ひれにひっかけてはこぶなどの行動はあそびのひとつだとかんがえられています。水族館では知能の高いイルカにジャンプの芸や、ボールをはこぶ芸をおしえます。イルカのジャンプはすばらしく、6～8mにもなります。

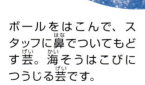

ボールをはこんで、スタッフに鼻でついてもどす芸。海そうはこびにつうじる芸です。

イルカのショー。ジャンプして、つるしたボールに口さきをつける。

イトマキエイ

空中に飛びだしてからも、ひれをはばたかせます。

メスへのアピールか？

北アメリカのカリフォルニア湾にいるイトマキエイのなかまは、ひれのはばが 2m、体重 20kg ほどの大きなエイです。毎年、数千尾のエイが集まり、空中にジャンプをします。その高さは 2m をこえます。からだの寄生虫をとっているなどと推測されていましたが、ジャンプしているのはオスのようで、水面におちたときの音で、海中にいるメスにアピールしているのではとかんがえられるようになりました。

数千〜1万尾があつまる
おみあいなのでしょうか。

勝者はどちら？

イルカの勝ち！

イルカのジャンプは力強く、いきおいがあります。イルカの水中での最高速度は80kmをこえて、イトマキエイよりはるかにはやいので、それだけジャンプ力もあります。イルカの勝ちでしょう。でもイトマキエイのジャンプは、3時間もつづく圧巻の自然のショーといいます。

マンタとよばれる、より大きなオニイトマキエイは、5.2m のジャンプをしたといわれています。 23

飛ぶスピード対決
ハヤブサ vs. ハリオ

ハヤブサは、もっともはやく飛ぶ鳥といわれています。
ハリオアマツバメもまた、高速飛行をすることで有名です。
さて、どちらが鳥のスピード王なのでしょうか。
どうやら急降下するときと、水平に飛ぶときでちがうようです！

ハリオアマツバメ

急降下
高い空から急降下するとき、鳥はつばさをつぼめてスピードを上げます。速度計をつけた計測で、ハヤブサはなんと時速387kmを記録しています。いっぽう、ハリオアマツバメの計測はありませんが、およそ時速100kmとされています。

ハヤブサ

プラス1情報 ハヤブサのえものは鳥

ハヤブサのえもののおおくは、小鳥です。上空から急降下し、足でけってえものをしとめます。一撃でしとめるためにも、はやいスピードがひつようなのです。

えものの鳥を食べるハヤブサ。

アマツバメ

ハリオアマツバメ

水平飛行

移動するためのふつうの飛行が、水平飛行です。ハヤブサの水平飛行の計測では、時速96kmという記録があります。いっぽう、ハリオアマツバメは時速170kmという記録があります。

ハヤブサ

＋プラス1情報

アマツバメのなかまは飛びながら水あび

アマツバメのなかまは飛びながら、虫をとらえて食べます。巣づくりや子育てをのぞいて、いつも飛んでいて、ねむるのも飛びながらです。

飛びながら水あびをするアマツバメのなかま。

勝者はどちら？

急降下はハヤブサ 水平飛行はハリオアマツバメ

急降下はハヤブサの時速387km！の圧勝。水平飛行はハリオアマツバメの時速170kmの勝利。急降下は飛ぶというよりも、落下という状態です。ふつうの飛行のスピードということなら、ハリオアマツバメのほうがスピード王といえるかもしれません。

アマツバメのなかまは、すがたや飛ぶようすがツバメににているということで名づけられましたが、まったくちがうなかまです。

わたりのきょり対決

キョクアジサシ VS

鳥の中には1年のあいだに、子育てする場所と冬をすごす場所をかえる、わたりをするものがいます。キョクアジサシとハイイロミズナギドリは、地球をまたにかけたわたりをします。どちらが長いわたりをするでしょうか。

キョクアジサシ

キョクアジサシは、とちゅうなんどか陸地で休みながら、北極と南極をわたります。

北極から南極へ

キョクアジサシは夏のあいだに、北極のまわりの海岸で子育てをし、アメリカ大陸やアフリカ大陸などにそって数か月かけて移動し、南極のまわりですごします。北半球が夏になると、ふたたび北極のまわりに帰って、子育てをします。わたりのきょりは、往復で少なくとも4万kmになります。

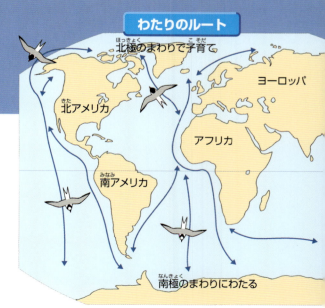

わたりのルート
北極のまわりで子育て
ヨーロッパ
北アメリカ
アフリカ
南アメリカ
南極のまわりにわたる

ハイイロミズナギドリ

ミズナギドリのなかまは、海上をふく風をとらえて上昇と下降をくりかえしながら、ほとんどはばたかずに飛ぶことができます。

広く太平洋をわたる

南半球の夏にあたる12～1月ごろに、ニュージーランド周辺の島で子育てをし、太平洋を北上し、日本の近海やアラスカ～カナダの太平洋岸ですごします。そしてふたたび子育てのために、ニュージーランド周辺まで帰ります。わたりのきょりは、往復で6万4000kmとなります。

わたりのルート ハイイロミズナギドリ

北アメリカにわたる／日本近海にわたる／太平洋／子育て／ニュージーランド

プラス1情報

ツバメのわたり

わたしたちの身近な鳥であるツバメは、夏のあいだに日本で子育てし、冬は東南アジアですごします。わたりのきょりは、往復4000～5000kmです。

子育てをするツバメ。

勝者はどちら？

ハイイロミズナギドリの勝ち！

長いあいだ、わたりのチャンピオンはキョクアジサシとされてきました。ところが最近になって、発信器をつけた計測で、ハイイロミズナギドリがキョクアジサシをしのぐ長いきょりのわたりをすることがわかりました。

スズメのように、1年じゅうおなじ場所ですごす鳥を留鳥といいます。

かっ空きょり対決 トビトカゲ vs. トビガ[エル]

トビトカゲとトビガエルは、インドや東南アジアの森林にすんでいます。どちらも木の上でくらすために、木から木に移動するのに、グライダーのようにかっ空*をします。

トビトカゲ

空を飛ぶトビトカゲ。

つばさは、ふだんはたたまれています。

胸の骨を広げる

トビトカゲのなかまは、数十種います。全長は20〜25cmで、そのうち尾が半分ほどです。つばさは皮ふでできていて、胸の骨（肋骨）の長くなった5〜7対を広げることでささえています。首の左右にある小さなつばさも、飛ぶのに役立っています。高い木が生い茂る森ですので、移動するのに地上におりていては効率がわるく、また敵におそわれるきけんもあるので、こうしたかっ空をするのです。

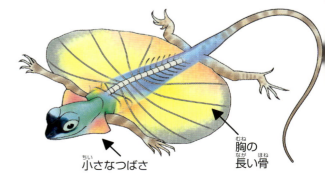

小さなつばさ　　胸の長い骨

*かっ空　はばたかないで、風にのる飛びかた。

エル

空を飛ぶトビガエル。

トビガエル

夜行性で、ひるまは葉のうらなどにいます。

足の水かきを広げる

トビガエルは移動の効率のためと、きけんをさけるためにかっ空をします。トビトカゲとちがって、足のゆびのあいだにある水かきを広げて、空気をとらえます。トビガエルには、アオガエルとアマガエルのなかまがふくまれています。

プラス1情報

まくを広げるムササビ

日本の山地にすむムササビは、リスのなかまです。体長は30～48cmで、おなじくらいの尾があります。夜行性です。あごから、前足のさき、後ろ足のさきにかけてある皮ふのまくを広げてかっ空します。そのきょりは50～80m。160mという記録もあります。

空を飛ぶムササビ。

勝者はどちら？

トビトカゲの勝ち!?

トビトカゲはふつう5～10mのきょりを飛ぶとされていて、18mの記録があるとか、マレートビトカゲで60mの記録があるとかいわれています。トビガエルはふつう10数mとされています。飛ぶきょりは、飛びたつ高さにもよるので、かんたんにはくらべられませんが、トビトカゲが勝っているのでしょうか。

南アジア、東南アジアにいる全長1mほどのトビヘビは、肋骨を広げて100mほどかっ空します。

かっ空きょり対決

トビウオ vs. イカ

トビウオとイカ（スルメイカのなかま）は、大きな魚におそわれるともっとも安全な空中に飛びだし、水面上をグライダーのようにかっ空*をします。
トビウオとイカ、どちらが長いきょりを飛べるでしょうか。

トビウオ

時速50〜70キロで、クルマなみのスピードです。

ロケットのように空中へ！

トビウオは、水中でひれをたたんでロケットのようなかたちになり、尾びれで水をかいていきおいをつけ、空中に飛びだします。空中にでると、胸びれと腹びれを広げて風にのります。空中でスピードが落ちたときは、尾びれの下の部分で水面をかいて、飛ぶきょりをかせぎます。

胸びれと腹びれを広げる

尾びれの下の部分が長くのびて、水をかきやすいつくりです

*かっ空　はばたかないで、風にのる飛びかた。

イカ

マグロやシイラなどに追われ、集団で空中にのがれるイカ。

ジェットふんしゃで空中へ！

イカは、外とうまくをふくらませることで、すきまから海水をからだのなかに入れます。そして、外とうまくを急速にちぢめて、ろうとという管から海水をジェットふんしゃすることでスピードを上げ、空中に飛びだします。空中にでると、ひれ、まくのある足を広げて風にのります。

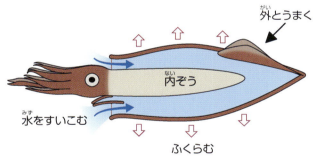

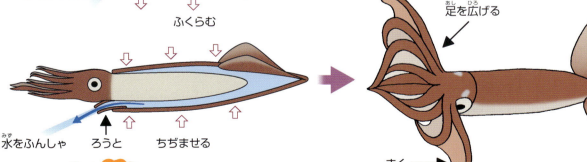

勝者はどちら？

トビウオの勝ち！

トビウオのかっ空きょりはふつう100m以上で、大きい種類のものは600mにもなります。イカのかっ空きょりは30～50mですので、トビウオの勝ちです。空中でのスピードをくらべると、トビウオは時速50～70km、イカは時速35～40kmと、トビウオがずっとはやいうえに、ひれの広さも飛行機のつばさのようなトビウオのほうが風にのりやすいのでしょう。

大きな魚に追われて空中ににげたトビウオを、鳥のカツオドリがつかまえることがあります。

せん水能力対決

マッコウクジラ VS

水の生活に適応したクジラのなかまは、いかにもせん水が得意そうです。どちらも大型のクジラのマッコウクジラとシロナガスクジラ、どちらがふかくもぐれるでしょうか。

マッコウクジラ

えものはダイオウイカ

マッコウクジラは、歯をもつハクジラの一種で、食べ物はイカ、タコ、魚です。よくとらえるえものはダイオウイカで、このイカは深海にすんでいます。そのために、マッコウクジラはふかくもぐるひつようがあります。もぐったふかさの記録は2035m、せん水時間は1時間20分以上です。マッコウクジラのせん水能力のひみつは、体長11〜15mという大きなからだにあり、筋肉や血液に酸素をたくわえることができるからです。

ダイオウイカ

マッコウクジラにおそわれていこうするダイオウイカ。ほかくされたマッコウクジラの皮ふに、ダイオウイカの吸ばんのあとがついていることがあります

シロナガスクジラ

シロナガスクジラ

えものはオキアミ

体長23〜27m（最大33.6m）と、からだの大きさでは、マッコウクジラをこえるシロナガスクジラは、歯ではなくヒゲをもつヒゲクジラの一種で、食べ物はオキアミです。大きな口をあけて、海水ごとオキアミを吸いこみ、ヒゲでオキアミだけをこしとります。オキアミは比較的、海面に近いところにいるので、シロナガスクジラはふかくせん水するひつようがなく、もぐるふかさは200mほど、せん水時間は10分くらいです。

もぐるふかさ

シロナガスクジラ **200m**

マッコウクジラ **2000m超**

オキアミ

下あごから腹にかけてあるすじ状のうねが広がるので、海水をたくさん口に入れることができます

勝者はどちら？

マッコウクジラの勝ち！
えもののオキアミや小魚が海面近くにいるために、ヒゲクジラ類はふかくもぐることはしません。大きな口をあけたままおよぐので、水のていこうが大きく、ひんぱんに息つぎをするために、むしろ海面近くにいるひつようがあります。

マッコウクジラの頭の中には、脳油があり、海水で冷やして重くすることで、もぐるといわれていましたが、いまでは否定されています。

登場する生き物のかいせつ

アジアゾウ 6-7
- ●体長 5.5～6.4m
- ●体重 オス平均3.6t、メス平均2.72t
- ●分布 インド、東南アジア

森林や草原にすんでいます。メスと子どもで群れをつくります。食べ物は草、木の葉、種子、根などで、食べ物をもとめて移動しながら生活をします。

アフリカゾウ 6-7
- ●体長 6～7.5m
- ●体重 オス平均6t、メス平均2.8t
- ●分布 アフリカのサハラ砂ばく以南

開けた林や草原にすんでいます。最年長のメスを中心に、血のつながりのあるメスと子どもが10～50頭の群れをつくります。草や木の葉を食べます。

アルゼンチノサウルス 8-9
- ●全長 33～41m
- ●体重 約90t
- ●分布 アルゼンチン

1億1200万～9350万年ほど前にいた、4足歩行の草食恐竜です。背骨、胸骨、後ろ足の一部などがみつかっています。背骨は高さ1.6mもあり、最大の恐竜ではないかとされています。

イカ 30-31
海面上を飛ぶのは、スルメイカやトビイカのなかまで、あたたかい地方の海にいます。群れで泳ぎ、イルカやマグロなどの敵におそわれると、空中に飛びだしてにげます。飛ぶきょりは30～50mほどです。

イトマキエイ 22-23
- ●からだのはば 2～3m
- ●体重 約20kg
- ●分布 世界中のあたたかい海

からだはひらたくて、大きな胸びれがあります。水中をはばたくように泳ぎ、海水からプランクトンをこしとって食べます。

イルカ 22-23
ハクジラのなかまで、マイルカ、ハンドウイルカ、イロワケイルカ、カマイルカなどがいます。口ふんがつきでていて、高速で泳ぐことができます。魚やイカなどを食べます。

インパラ 17、20-21
- ●体長 1.1～1.5m
- ●体重 20～70kg
- ●分布 アフリカ

ウシ科のアンテロープのなかまです。草や木の葉を食べます。乾季には群れをつくり、食べ物をもとめて移動します。チーターなどの敵におそわれると、時速60km以上で走ってにげます。

エピオルニス 14-15
- ●全長 3m
- ●分布 マダガスカル

つばさが退化した鳥で、地上を歩いていました。17世紀まで生きていましたが、人間がマダガスカルまでやってきてすむようになると、狩猟されたり、環境の破かいで絶めつしてしまいました。

エミュー 18
- ●全長 1.7m
- ●分布 オーストラリア

つばさは退化していて、飛ぶことはできませんが、最高時速50km以上で走ることができます。求愛はメスがして、産卵したあとは、たまごやヒナのせわはオスがします。

オオカンガルー 20-21
- ●体長 0.5～1.2m（尾をのぞく）
- ●体重 4～66kg
- ●分布 オーストラリア

有袋類です。ハイイロカンガルーともいいます。草原や半砂ばくなどにすみ、草の葉を食べます。尾でバランスをとりながら、はねるように走ります。オスどうしは、尾でからだをささえながらボクシングをして、力くらべをします。

オキアミ 8、33
- ●体長 3～6cm
- ●分布 世界中の海

エビににたプランクトンのなかまです。大量に発生し、たんぱく質やビタミンをおおくふくみ、魚、クジラなどの食べ物になっています。

オルニトミムス 19
- ●全長 約3.5m
- ●体重 約130kg

7000万～6500万年ほど前にいた、2足歩行の雑食性とかんがえられている恐竜です。高速で走り、ダチョウににているので、ダチョウ恐竜とよばれました。

カ

カブトムシ 12-13
- ●体長 27～55mm（角をのぞく）
- ●分布 北海道～沖縄

日本で最大級の甲虫です。成虫は6～8月にあらわれ、クヌギやコナラ、ヤナギの樹液や、じゅくした果実に集まります。たい肥や腐食土にたまごを生みます。

キョクアジサシ 26-27
- ●全長 35cm
- ●分布 北極圏、南極圏

夏に北極圏の海岸で繁殖し、南極圏までわたりをします。魚をとらえて食べます。もっとも長いわたりをする鳥のひとつです。

ギラファノコギリクワガタ 12-13
- 全長 30～118mm
- 分布 東南アジア

熱帯雨林にすんでいます。成虫は樹液を食べ物にしています。

グレイハウンド 16-17
ウサギなどを狩るために作出された狩猟犬で、いくつかの品種があります。動物を追う本能を使った、ドッグレースなどでかつやくしています。

ケツァルコアトルス 10
- つばさを広げた長さ 10～11m
- 体重 約200kg
- 分布 アメリカ

8400万～6550万年ほど前にいた翼竜です。トカゲや魚などを食べていたようです。

サルーキ 16
- 体高 57～71cm
- 体重 14～25kg

狩猟犬として作出された大型犬です。古代エジプトですでに飼われていたようです。賢くて、人間によくなれます。

シロナガスクジラ 8-9
- 体長 23～27m
- 体重 100～200t
- 分布 世界中の海

ヒゲクジラのなかまで、おもにプランクトンのオキアミや小魚を海水ごと口に入れ、ヒゲでこしとって食べます。夏にはオキアミがたくさんいる北極や南極

の海ですごし、冬にはあたたかい地域の海にきて繁殖をします。

スズメ 27
- 全長 15cm
- 分布 日本全国

1年じゅうおなじ地域でみることができる留鳥です。種子や虫を食べます。

ダイオウイカ 32
- 全長 6mほど
- 分布 世界中の海

深海にすむ大きなイカで、全長が18mのものもいたといわれます。深海に適応して、目は直径30cmもあります。天敵はマッコウクジラで、クジラの胃の中からダイオウイカの断片が発見されるほか、クジラの皮ふにダイオウイカの吸ばんのあとがみつかります。

ダチョウ 14-15、18-19
- 全長 2.3m
- 分布 中央～南アフリカ

いま生きている鳥で最大です。サバンナにくらし、つばさは退化して飛べませんが、最高時速70kmというスピードで走ることができます。植物や昆虫などを食べます。

ダチョウ恐竜 18-19
首が長く、ダチョウににたすがたをしているので、ダチョウ恐竜とよばれるグループです。アジア、北アメリカに分布。オルニトミムス、ガリミムスなどがいます。羽毛が生えていました。

チーター 16-17
- 体長 1.1～1.5m
- 体重 20～70kg
- 分布 アフリカ、南アジア

ネコのなかまです。サバンナにくらし、ウシのなかまなどをとらえて食べます。走るスピードは、最高時速110kmという記録があります。

ツバメ 27
- 全長 17cm
- 分布 日本各地で繁殖

夏に日本の各地で繁殖し、東南アジアで冬ごしをするためにわたります。飛びながら虫をとらえて食べます。

トビウオ 30-31
世界に50種ほどいます。海面近くを泳ぎ、動物プランクトンを食べます。天敵のマグロやシイラに追われると、空中に飛びだして、かっ空をします。大型のトビウオなら、600mは飛ぶことができます。いきおいが落ちて、海面につきそうになると、尾びれで水をかいてきょりをかせぎます。

トビガエル 28-29
東南アジアのアオガエル、アマガエルのなかまのうち、かっ空するものをトビガエルといいます。足のゆびが長くて、大きな水かきがついていて、大きく広げると扇子のようになり、空気を受けることができます。

トビトカゲ 28-29
インド、東南アジアなどに、数十種類のトビトカゲのなかまがいます。全長 20～25cmです。長い肋骨を広げて皮まくをつばさのようにして、木から木へかっ空します。皮まくは、ふだんはたたまれています。昆虫をとらえて食べます。

トビヘビ 29
全長は1.3mほどのヘビで、東南アジアに広く分布しています。樹上で生活しています。肋骨を広げて、からだをひら

たくし、空中でからだをくねらせながら、木から木へかっ空します。

ハイイロミズナギドリ 26-27
- ●全長 43cm
- ●分布 世界中の海

ニュージーランドやオーストラリアなどの南半球の島で繁殖し、太平洋の北部、インド洋、北極圏の海などにわたります。世界最長のわたりをします。魚やイカを食べます。

ハシブトガラス 10
- ●全長 57cm
- ●分布 小笠原諸島をのぞく日本全国

都市部におおくいるカラスです。ひたいがでっぱり、すんだ声でカーと鳴きます。いろいろなものを食べます。

ハヤブサ 24-25
- ●全長 オス38cm、メス51cm
- ●分布 北海道〜九州

上空から急降下して、飛んでいる鳥をけってしとめます。海岸や川のそばのがけに巣をつくります。

ハリオアマツバメ 24-25
- ●全長 21cm
- ●分布 北海道、本州

ツバメににていますが、ツバメのなかまではありません。尾羽のじくがでていて、はりのようなので、このなまえがあります。高速で飛びながら、虫をとらえます。

フタロンコサウルス 9
- ●全長 約30m
- ●体重 50〜75t
- ●分布 南アメリカ

約8700万年前にいた、4足歩行の草食恐竜です。全身の70パーセントの骨格化石が発見されています。

プテラノドン 10-11
- ●つばさを広げた長さ 6〜7m
- ●体重 15〜20kg
- ●分布 アメリカ

8930万〜7400万年ほど前にいた翼竜です。頭の後ろにのびる、大きなとさかがとくちょうです。なまえは、「歯のないつばさ」という意味です。海のそばでくらし、魚などをとって食べていたようです。飛ぶのはそれほど得意ではなく、がけから飛びおりて気流にのったのではないかとかんがえられています。

ヘラクレスオオカブト 12-13
- ●全長 130〜150mm
- ●分布 中央〜南アメリカ

最大のカブトムシです。森林にすみ、夜行性で明かりに飛んできます。樹液やくだものに集まります。

マッコウクジラ 32-33
- ●体長 11〜15m
- ●体重 オス約45t、メス約20t
- ●分布 ほぼ世界中の海

ハクジラのなかまでは最大です。大きな頭をもっていて、内部には脳油がおさめられています。脳油は音波を集中させて発するレンズのようなはたらきをし、えものにあたってはねかえってきた音波で、えものの位置を知ります。これをエコーロケーションといいます。これでえもののいるところをさぐり、ふかくもぐって、イカ、タコ、魚をとらえます。もぐるふかさは2000mをこえ、1時間20分以上ももぐっていた記録があります。

マルミミゾウ 7
- ●体長 4〜6m
- ●体重 2.7〜6t
- ●分布 アフリカ西部と中部

おもに森林にすんでいます。最年長のメスを中心に、10頭ほどの群れをつくります。植物の葉、果実などを食べます。

ムササビ 29
- ●体長 27〜48cm
- ●体重 700〜1300g
- ●分布 本州〜九州

林にすんでいます。夜行性です。前足と後ろ足のあいだと、後ろ足と尾のあいだに皮まくがあり、木から木にかっ空します。木の葉、種子、果実などを食べます。

ロイヤルアホウドリ 10-11
- ●全長 114cm
- ●分布 南極圏、太平洋の南部

シロアホウドリともいいます。海上にいて、イカや魚をとらえて食べます。南極圏まわりの島で繁殖します。1回の繁殖で、ひとつのたまごを育てます。

さくいん

ア

アカカンガルー ———— 21
アジアゾウ ———— 6-7
アフリカゾウ ———— 6-7
アマツバメ ———— 25
アルゼンチノサウルス ———— 8-9
アンテロープ ———— 20
イカ ———— 30-31
イトマキエイ ———— 22-23
イルカ ———— 22-23
インパラ ———— 17、20-21
エピオルニス ———— 14-15
エミュー ———— 18
オオカンガルー ———— 20-21
オキアミ ———— 8、33
オニイトマキエイ ———— 23
オルニトミムス ———— 19

カ

かっ空 ———— 28-29、30-31
カブトムシ ———— 12-13
キョクアジサシ ———— 26-27
ギラファノコギリクワガタ ——— 12-13
グレイハウンド ———— 16-17
ケツァルコアトルス ———— 10

サ

サルーキ ———— 16
シギダチョウ ———— 18
シロナガスクジラ ———— 8-9、32-33
スズメ ———— 27
走鳥類 ———— 18

タ

ダイオウイカ ———— 32
ダチョウ ———— 14-15、18-19
ダチョウ恐竜 ———— 18-19
チーター ———— 16-17
ツバメ ———— 25、27
ディンゴ ———— 21
ドッグレース ———— 16
トビウオ ———— 30-31
トビガエル ———— 28-29
トビトカゲ ———— 28-29
トビヘビ ———— 29

ハ

ハイイロカンガルー ———— 21
ハイイロミズナギドリ ———— 26-27
ハクジラ ———— 32
ハシブトガラス ———— 10

ハヤブサ ———— 24-25
ハリオアマツバメ ———— 24-25
ヒゲクジラ ———— 33
フタロンコサウルス ———— 9
プテラノドン ———— 10-11
ヘラクレスオオカブト ———— 12-13

マ

マッコウクジラ ———— 32-33
マルミミゾウ ———— 7
マレートビトカゲ ———— 29
マンタ ———— 23
ムササビ ———— 29

ヤ

翼竜 ———— 10-11

ラ

竜脚類 ———— 8-9
留鳥 ———— 27
レア ———— 18
ロイヤルアホウドリ ———— 10-11

ワ

わたり ———— 26-27

対決について

この本のシリーズでは、いろいろな生き物どうしの対決をテーマにとりあげています。
中には「アロサウルス vs. ティラノサウルス」というように、生きていた時代がちがっていたり、「ハト vs. ウシ」というように、まるでちがった生き物を対決させて、現実にはありえないようなテーマもあります。でも、その生き物たちの習性や能力をかんがえながら、想像力をふくらませて対決させてみると、それぞれの生き物がもつすばらしい力に気がつくことがあります。
また対決ですので、勝ち負けをつけてあります。はっきりいえる対決もありますが、印象で勝ち負けをつけたものもあります。ただ、勝ち負けをつけても、どちらがすぐれていたり、おとっていたりということではありません。それぞれの生き物は、自分の生きる環境に最高に適応していることはいうまでもありません。

編集部

監修 小宮輝之（こみや・てるゆき）
1947年東京都生まれ。恩賜上野動物園元園長。明治大学農学部卒業後、多摩動物公園に勤務。多摩動物公園飼育課長、恩賜上野動物園飼育課長などを経て、2004年から2011年まで恩賜上野動物園園長を務める。『日本の哺乳類』（学習研究社）『ほんとのおおきさ動物園』（小学館）『ずらーりウンチ ならべてみると』（アリス館）など著書・監修書多数。

構成・文 有沢重雄（ありさわ・しげお）
1953年高知県生まれ。自然科学分野を専門にするライター・編集者。著書『自由研究図鑑』『校庭のざっ草』（福音館書店）『かいてぬってどうぶつえんらくがきちょう』（アリス館）など。多くの図鑑編集にもたずさわっている。

どっちが強い？ どっちがスゴイ？
生き物対決スタジアム
❷大きさ・運動能力対決

【監修】小宮輝之（恩賜上野動物園 元園長）
【構成・文】有沢重雄
【イラスト】今井桂三
【装丁・本文デザイン】ランドリーグラフィックス
【写真提供】OASIS（オアシス）／PIXTA／フォトライブラリー／亀田龍吉

2016年9月1日　初版第1刷発行
発行者　木内洋育
編集担当　熊谷満
発行所　株式会社旬報社
〒112-0015
東京都文京区目白台 2-14-13
TEL 03-3943-9911
FAX 03-3943-8396
HP http://www.junposha.com/

印刷　シナノ印刷株式会社
製本　株式会社ハッコー製本

©Shigeo Arisawa 2016, Printed in Japan
ISBN978-4-8451-1473-3